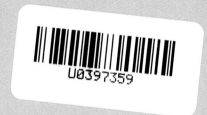

曾琼

建筑画写生教学示范作品选

Selection of Teaching Demonstration Works
on Architectural Sketches by Zeng Qiong

东南大学出版社·南京

Selection of Teaching Demonstration Works on Architectural Sketches by Zeng Qiong

曾 琼

毕业于南京艺术学院设计学院，现任东南大学建筑学院美术与设计研究所所长，全国高等学校建筑学学科专业指导委员会美术教学工作委员会委员。主要从事视觉艺术设计、环境艺术设计和建筑摄影的教学和研究工作。

环境艺术设计主要作品有：东南大学逸夫建筑馆环境设计，东南大学逸夫科技馆大厅环境设计，南京财经大学教学楼大厅环境设计，西藏自治区拉萨市江苏路转盘设计。建筑摄影作品多次发表在国内外专业期刊上，拍摄了七部《齐康建筑设计作品系列》的作品。

已出版图书《钢笔画技法》，绘画作品多次发表和参展。

序

我和曾琼老师同事二十余年，今天看到曾琼老师的硬笔速写终于结集出版，由衷地为他感到高兴。我不是艺术家，按理是没有资格谈论曾老师的画作的。能有机会在这里唠叨，一是我敬重他几十年来对建筑学美术教学的执着探索，二是我觉得这些画作对研习建筑学的人学习速写很有启迪意义。

曾琼老师的这些画大都是为建筑学美术教学所做的试验性或示例画作，是为学习建筑学的学生而作，所以其实质是建筑学美术课程的教研和执教过程的组成部分，这是其区别于画家为创作或采风而做速写的地方。建筑学教学中的绘画教学主要功效表面上看有两条：一是艺术素养，二是作画技能。不过，艺术素养的达成需要广泛的阅读、内心的感悟和实践体验多种渠道，绘画只是其中的一种实践环节。作画技能本身也非建筑教育的目的，而是作为建筑设计的工具性技能之一。因此，建筑速写的要义理应要置于建筑师培养的过程环节中，才能得到恰当的理解。建筑学语境中的写生或速写练习，首先是要培养一种敏锐的观察和记录的能力，反映在画面上就是对写生对象尤其是对建筑本体的客观和准确的表达，不管是形体比例或是建造构造，都应力求准确，这是立于建筑写生技能之前的基本功夫。要修炼这种基本功，不仅仅要勤于练习，还需要借助一些必要的建筑知识，尤其是要积累对建筑构造逻辑的理解。可能有艺术家会觉得过于强调对客观对象的准确表达会令画作显得匠气，但建筑师的速写就另当别论，此亦所谓“工匠精神”。另外一条，就是要培养一种关于空间的观察、理解和记录能力，反映在画面上就是景观的层次性、距离感和场所感，好的写生作品会令人有身临其境的感受，这也就是所谓的“代入感”。再者，就是对物象的材质肌理和生长姿态的认知、理解和捕捉，画者在纸面上的用笔疏密和方向感均与此有密切关联。欣赏曾琼老师的建筑风景速写，最强烈的印象就是他对物象自身和彼此间的结构性关系的驾驭十分到位，即便是隐于林木身后的物象也似乎依然挺立，尽管其落笔犹轻风拂过，但读来依旧骨感十足。另一个画趣来源于他以简练的笔墨达成对建筑构造的精准把握，非有对构造学的基本理解是难以做到的。他放弃强烈的阴影表现，而选择以线描的疏密布局为主，恐怕不是出于绘画风格的倾向，而是依据需表现的内容而确定。放弃浓烈的光影，就为空间感的描绘制造了一种前置性的障碍，此时尚可依赖的手段大概就是过硬的透视关系和对前后物象用笔之详略了。正是在这里，我们可以看到他娴熟运用透视学原理处理画面的过硬功夫和描绘物象肌理之灵动。

建筑速写的难能可贵之处在于融准确与轻松于一体，基于此，再有些许情趣，便可称为成功之作。这无疑是言易行难的事，而曾琼老师的确是做到了。这本画集一方面可以为学生的速写练习提供范作，也对理解建筑画的特点及其特定意义极有帮助。

韩冬青

前　言

一个地方的建筑可以体现出当地的地域文化和历史脉络，想要了解建筑历史和文化就必须去靠近它、感受它，才能对建筑文化有比较深刻的理解，对于学习建筑设计的人来说，这也是必不可少的一个过程。

建筑画写生是通过画者现场对建筑物本身的建筑环境的观察分析，了解建筑历史文化和建筑设计主要特征，对建筑设计的整体空间环境以及建筑立面细部设计方法和施工工艺有更充分的了解，在这些基础上用不同的表现工具去描绘建筑物在不同季节的各个时间所体现出的建筑艺术特征和建筑美感。黑白的线描可以表现出建筑的结构、立面、细部和建筑环境里各种不同植物的细节特征，使画面更加细腻耐看。粗一点的线条加上各种不同的色彩可以表现出建筑在不同季节、不同时间段的光线下所产生的丰富色彩和光影变化，给人以视觉上、感官上的触动与感受。

写生的过程也是一个心灵历练的过程，你的观察、你的感受和你的心理变化都会通过你的画笔传达和表现在画纸上，鲜明的色调带给你愉悦的心情，灰暗的色调也能带给你一丝抑郁。感受一切美好的事物，把这份美好传递给更多的人，成为驱动你画笔的动力。

通过建筑写生，使我们能更好地体会建筑文化在各地各种不同的历史和时期所展现出来的文化特征和艺术美感，并通过我们的画笔把这种美好的印象传达给喜欢建筑文化艺术的人们，使更多的人了解和热爱建筑文化，这也是我们辛苦付出的价值所在。

目　录

南京玄武湖玄圃牌坊

2012.5.4.
Zeng. Qiong

南京玄武湖麒麟阁

东南大学大礼堂西侧门

南京玄武湖友谊厅

东南大学大礼堂侧面

2012.4.28
Zeng. G

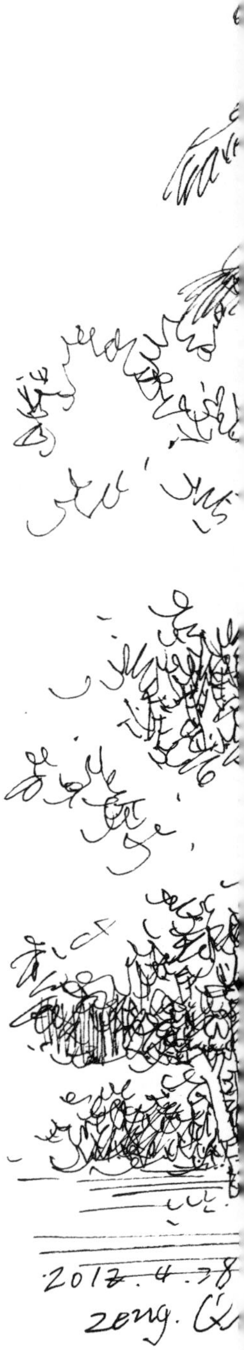

南京玄武湖麦当劳餐厅

东南大学热能实验室西侧面

2014.10.25
Zeng Qiong

南京鸡鸣寺僧房

南京鸡鸣寺僧房僧侣厨房

南京鸡鸣寺后侧门

2014.4.15
Zeng Qiong

东南大学吴健雄纪念馆

南京情侣园景观建筑

东南大学道桥实验室

东南大学热能实验室南侧面

东南大学校园杨廷宝雕像

南京玄武湖黄册库

南京紫金山庄门房

南京情侣园瑞庭婚礼宴会中心

南京玄武湖玄圃建筑

南京情侣园小建筑

南京情侣园茶室

zeng Qiong
2014

南京紫金山庄 5 号楼大门

南京玄武湖外明城汇

东南大学热能实验室东侧面

南京中山陵民国邮局牌坊

南京紫金山庄 9 号楼大门

zeng Qiong
2016.11.13

东南大学礼堂西侧建筑

南京紫金山庄玄武楼大门

南京玄武湖瑞庭婚礼宴会主题酒店

南京东郊前湖会所

南京和平公园建筑

南京科学会堂

东南大学热能实验室东门

东南大学出版社大门

东南大学校园小建筑

南京唐会 · 悦雍轩

南京大学健忠楼

zeng Qiong
2018.4.2.

东南大学校园景观连廊

南京大学钟亭

东南大学大礼堂正面

东南大学老图书馆

东南大学健雄院西侧门

南京大学教学楼侧门

南京颐和路别墅

南京大学原李四光工作室

南京大学健忠楼侧面

南京清凉山扫叶楼大门

皖南宏村民居小院

皖南宏村石板小巷

皖南宏村民居一角

东南大学榴园宾馆庭院

南京鸡鸣寺后门街景

东南大学前工院南门

南京玄武湖盆景园

南京玄武湖帆船码头

东南大学前工院内天井

景观植物（Ⅰ）

景观植物（Ⅱ）

景观植物（Ⅲ）

景观植物（Ⅳ）

景观植物（V）

景观植物（Ⅵ）

景观植物（Ⅶ）

景观植物（Ⅷ）

景观植物（Ⅸ）

景观植物（X）

景观植物（XI）

南京鸡鸣寺老大门

南京鸡鸣寺老大门（马克笔）

南京鸡鸣寺樱花大道（马克笔）

东南大学健雄院西侧面

东南大学健雄院西侧面（马克笔）

南京鸡鸣寺慈悲殿

南京鸡鸣寺慈悲殿局部

南京大学小红楼

南京鸡鸣寺僧房（马克笔）

南京 1912 街区（彩铅）

南京 1912 街区茶客老站（彩铅）

南京大学北大楼（彩铅）

南京颐和路别墅（彩铅）

南京大学礼堂（彩铅）

南京大学校园景观（Ⅰ）（马克笔）

南京大学校园景观（Ⅱ）（马克笔）

南京大学校园景观（Ⅱ）局部（马克笔）

南京鸡鸣寺后门街景（马克笔）

后 记

这本写生画选是我近几年来的一部分写生作品和教学范画。在这一阶段主要是以我所工作的东南大学建筑学院的教学思路为依托，针对建筑、城市规划、景观三个专业的各自特点进行了教学改革尝试，用简洁明快的线条去表现建筑，锻炼学生的徒手表现能力，以线条加马克笔等各种色彩的画法锻炼学生的色彩感知能力；学生们通过观察、理解后表现建筑和建筑环境，并提高审美水平和艺术修养。

感谢我的同事、好友建筑学院韩冬青教授在百忙之中为我的画选作序。

感谢建筑学院薛雯瑜同学为画选做的版式设计和编辑工作。感谢建筑学院唐松、虞思靓、王芸菲同学为画选做的排版和编辑工作。还要感谢同事赖自力为画选做的摄影和调图工作。

最后感谢我的家人长久以来对我的工作的支持，特别感谢我的父亲一直以来对我的绘画作品的欣赏和鼓励。

曾琼

图书在版编目（CIP）数据

曾琼建筑画写生教学示范作品选 / 曾琼著 .—南京：东南大学出版社，2019.6

ISBN 978-7-5641-8447-6

I. ①曾… II . ①曾… III . ①建筑画—作品集—中国—现代 IV. ① TU204.132

中国版本图书馆 CIP 数据核字（2019）第 123780 号

曾琼建筑画写生教学示范作品选

Zeng Qiong Jianzhuhua Xiesheng Jiaoxue Shifan Zuopin Xuan

著　　者：曾　琼
责任编辑：戴　丽
文字编辑：贺玮玮
责任印制：周荣虎

出版发行：东南大学出版社
社　　址：南京市四牌楼 2 号　邮编：210096
网　　址：http://www.seupress.com
出 版 人：江建中

印　　刷：上海雅昌艺术印刷有限公司
开　　本：787mm×1092mm　1/12
印　　张：10
字　　数：180 千字
版　　次：2019 年 6 月第 1 版
印　　次：2019 年 6 月第 1 次印刷
书　　号：ISBN 978-7-5641-8447-6
定　　价：78.00 元

经　　销：全国各地新华书店
发行热线：025-83790519　83791830